AF586668

CALENDRIER COLÉOPTÉROLOGIQUE

CALENDRIER

COLÉOPTÉROLOGIQUE

SUIVI D'UN

TABLEAU INDIQUANT LES ÉPOQUES DES CHASSES

AUX COLÉOPTÈRES

PAR

HENRI PETIT

MEMBRE DE LA SOCIÉTÉ FRANÇAISE D'ENTOMOLOGIE
ET DE PLUSIEURS SOCIÉTÉS SAVANTES D'EUROPE

CHALONS-SUR-MARNE
MARTIN FRÈRES, IMPRIMEURS, PLACE DU MARCHÉ-AU-BLÉ, 50.

1884

PRÉFACE

Je n'ai pas la prétention de donner ici un *Calendrier coléoptérologique* pouvant servir à tous les entomologistes de France. Le travail que je présente est plutôt destiné aux naturalistes du Centre et de l'Est, car ce sont les régions les plus favorables au point de vue entomologique.

Cet ouvrage sera utile non seulement aux entomologistes, mais surtout aux débutants, qui deviennent de plus en plus nombreux depuis que l'histoire naturelle est enseignée dans toutes les classes.

Je suis heureux, en terminant, de témoigner ma reconnaissance à tous les entomologistes qui m'ont communiqué leurs notes, ou donné des avis relatifs soit à la chasse des coléoptères, soit à leur habitat. J'espère qu'ils continueront à me prêter leur concours, car je me propose de publier prochainement une série d'ouvrages relatifs aux coléoptères de France et de la Champagne en particulier.

Châlons-sur-Marne, Janvier 1884.

CALENDRIER
COLÉOPTÉROLOGIQUE

JANVIER.

Notiophilus semi-punctatus.
Nebria brevicollis.
Carabus arvensis.
Cychrus caraboïdes.
Brachinus crepitans.
B. explodens.
B. scopleta.
Dromius linearis.
D. agilis.
D. quadrimaculatus.
D. quadrinotatus.
Blechrus glabratus.
B. maurus.
Metabletus foveola.
Panagœus crux-major.
P. bipustulatus.
Loricera pilicornis.
Callistus lunatus.
Badister bipustulatus.
Anisodactylus binotatus et sa variété :
A. spurcaticornis.
Harpalus œneus.
H. griseus.
H. brevicollis.
Zabrus gibbus.
Pristonychus terricola.
Agonum marginatum.
A. gracile.
A. pelidnum.
A. scitulum.
A. viduum.
A. lugubre.
A. 6-punctatum.
A. modestum.
A. parum punctatum.
Trechus minutus.
Tout le genre Bembidium.
Leja articulata.

L. Doris.
L. gilvipes.
Peryphus ripicola.
Nothaphus adustus.
Dytiscus marginalis.
D. circumflexus.
D. dimidiatus.
D. punctulatus.
Hyphydrus ferrugineus.
Hydrea testacea.
H. nigrita.
Falagria obscura.
Autalia impressa.
Aleochara nitida.
A. fuscipes.
Homalota inquinula.
H. stercoraria.
H. gagatina.
Tenebrio molitor.
T. obscurus.
Bruchus variegatus.
B. varius.
B. pallidicornis.
B. nubilus.
B. rufinanus.
B. bipunctatus.
B. virescens.
B. affinis.
B. Pisi.
B. imbricornis.
Acanthoderes varius.
Leiopus nebulosus.
Pogonocherus dentatus.
P. fasciculatus.
P. hispidus.

FÉVRIER.

Notiophilus semi-punctatus.
Nebria brevicollis.
Carabus granulatus.
C. arvensis.
Cychrus caraboides.
Odacantha melanura.
Brachinus explodens.
B. scopleta.
B. crepitans.
Dromius linearis.
D. agilis.
D. quadrimaculatus.
D. quadrinotatus.
Blechrus glabratus.
B. maurus.
Metabletus foveola.
Panagœus crux-major.
P. bipustulatus.
Loricera pilicornis.
Callistus lunatus.
Badister bipustulatus.
Anisodactylus binotatus et sa variété :
A. spurcaticornis.
Harpalus œneus.
H. griseus.
H. brevicollis.

Zabrus gibbus.
Pristonychus terricola.
Tous les Agonum cités au mois de janvier.
Trechus minutus.
Tout le genre Bembidium.
Leja articulata.
L. Doris.
L. gilvipes.
Peryphus ripicola.
Nothaphus adustus.
Dytiscus marginalis.
D. circumflexus.
D. dimidiatus.
D. punctulatus.
Hyphydrus ferrugineus.
Hydrea testacea.
H. nigrita.
Falagria obscura.
Autalia impressa.
Aleochara nitida.
A. fuscipes.
Homalota inquinula.
H. stercoraria.
H. gagatina.
Stenus Juno.
S. biguttatus.
S. morio.
S. aterrimus.
S. buphthalmus.
Tenebrio molitor.
T. obscurus.
Tous les Bruchus cités en janvier.
Leiopus nebulosus
Pogonocherus dentatus.
P. fasciculatus.
P. hispidus.

MARS.

Cicindela campestris.
Notiophilus semipunctatus.
Nebria brevicollis.
Leistus spinibarbis.
Leistus ferrugineus.
Carabus purpurascens.
C. nemoralis.
C. granulatus.
C. arvensis.
Cychrus caraboïdes.
C. attenuatus.
Odacantha melanura.
Drypta emarginata.
Brachinus crepitans.
B. scopleta.
B. explodens.
Cymindis humeralis.
C. axillaris.
Demetrias monostigma.
D. imperialis.
D. atricapillus.
Dromius linearis.
D. agilis.
D. 4-maculatus.

D. quadrinotatus.
Blechrus glabratus.
B. maurus.
Lebia cyanocephala.
Metabletus foveola.
Panagœus crux-major.
P. bipustuslatus.
Loricera pilicornis.
Callistus lunatus.
Oodes helopioïdes.
O. gracilis.
Chlœnius vestitus.
Badister bi-pustulatus.
B. humeralis.
Acinopus tenebrioides.
A. megacephalus.
Anisodactylus bi-notatus et sa variété :
A. spurcaticornis.
Harpalus œneus.
H. griseus.
H. brevicollis.
Acupalpus dorsalis.
A. meridianus.
Zabrus gibbus.
Amara convexiuscula.
A. aulica.
A. similata.
A. lucida.
A. eurynota.
A. familiaris.
A. trivialis.
A. rufocincta.
A. striatopunctata.
A. plebeia.
Pristonychus terricola.
Calathus cisteloïdes.
C. melano cephalus.
C. fulvipes.
C. fuscus.
Anchomenus angusticollis.
A. prasinus.
A. cyaneus.
A. junceus.
A. pallipes.
Tous les Agonum cités au mois de janvier.
Trechus lithophilus.
T. rubens.
T. minutus.
T. nigrinus.
Tout le genre Bembidium.
Leja articulata.
L. Doris.
L. gilvipes.
Peryphus ripicola.
Nothaphus adustus.
Dytiscus latissimus.
D. marginalis.
D. circumflexus.
D. dimidiatus.
D. punctulatus.
Cybister Rœselii.
Acilius canaliculatus.
A. sulcatus.
Hydaticus transversalis.
H. Hybneri.
H. cinereus.
Ilybius ater.
S. fuliginosus.
Hyphydrus ferrugineus.
Hydrous caraboïdes.

H. flavipes.
Hydrobius globulus.
H. fuscipes.
Philhydrus marginellus.
P. lividus.
P. ovalis.
Hydrochus elongatus.
H. angustatus.
Hydrea testacea.
H. nigrita.
Cyclonotum orbiculare.
Falagria obscura.
Autalia impressa.
Aleochara nitida.
A. fuscipes.
Homalota inquinula.
H. stercoraria.
H. gagatina.
Tous les Stenus cités au mois de février.
Blaps mucronata.
B. fatidica.
B. mortisaga.
Tenebrio molitor.
T. obscurus.
Tous les Bruchus cités en janvier.
Orchestes fagi.
O. Loniceræ.
O. Salicis.
Coryssomerus capucinus.
Tychius sparsutus.
Elleschus bipunctatus.
Leiopus nebulosus.
Pogonocherus dentatus.
P. fasciculatus.
P. hispidus.
Saperda Carcharias.
S. populnea.

AVRIL.

Cicindela campestris.
Notiophilus aquaticus.
N. semipunctatus.
Blethisa multipunctata.
Nebria brevicollis.
Leistus spinibarbis.
L. ferrugineus.
Carabus auratus.
C. catenulatus.
C. purpurascens.
C. nemoralis.
C. hortensis.
C. granulatus.
Procrustes coriaceus.
Calosoma sycophanta.
Cychrus attenuatus.
Odocantha melanura.
Drypta emarginata.
Brachinus crepitans.
B. explodens.
B. scopleta.
Cymindis humeralis.
C. axillaris.
Demetrias monostigma.

D. imperialis.
D. atricapillus.
Dromius linearis.
D. agilis.
D. 4-maculatus.
D. 4-notatus.
Blechrus glabratus.
B. maurus.
Lebia cyanocephala.
L. chlorocephala.
L. marginata.
Metabletus foveola.
Panagœus crux-major.
P. bipustulatus.
Loricera pilicornis.
Callistus lunatus.
Oodes helopioïdes.
O. gracilis.
Chlœnius vestitus.
C. Schranki.
C. holosericeus.
Licinus depressus.
Badister bipustulatus.
B. pellatus.
Stomis pumicatus.
Acinopus tenebrioïdes.
A. megacephalus.
Anisodactylus binotatus et sa variété :
A. spurcaticornis.
Harpalus diffinis.
H. maculicornis.
H. oblongiusculus.
H. planicollis.
H. œneus.
H. distinguendus.
H. griseus.
H. brevicollis.
Acupalpus dorsalis.
A. meridianus.
Zabrus gibbus.
Toutes les Amara citées au mois précédent.
Sphodrus leucophtalmus.
S. planus.
Pristonychus terricola.
Calathus cisteloïdes.
C. melanocephalus.
C. fulvipes.
C. fuscus.
Auchomenus angusticollis.
A. prasinus.
A. cyaneus.
A. junceus.
A. pallipes.
Tous les Agonum cités au mois de janvier.
Trechus lithophilus.
T. rubens.
T. minutus.
T. nigrinus.
Tout le genre Bembidium.
Leja articulata.
L. Doris.
L. gilvipes.
Peryphus ripicola.
Nothaphus adustus.
Dytiscus latissimus.
D. marginalis.
D. circumflexus.
D. dimidiatus.
D. punçtulatus.

Cybister Rœselii.
Acilius canaliculatus.
A. sulcatus.
Hydaticus transversalis.
H. Hybneri.
H. cinereus.
Ilybius ater.
I. fuliginosus.
Hyphydrus ferrugineus.
Gyrinus natator.
G. bicolor.
G. minutus.
G. marinus.
G. striatus.
Hydrous caraboïdes.
H. flavipes.
Hydrobius globulus.
H. fuscipes.
Philydrus marginellus.
P. lividus.
P. ovalis.
Hydrochus elongatus.
H. angustatus.
Hydrea testacea.
H. nigrita.
Cyclonotum orbiculare.
Falagria obscura.
Autalia impressa.
Aleochara nitida.
A. fuscipes.
Homalota inquinula.
H. stercoraria.
H. gagatina.
Tous les Stenus cités au mois de février.
Meligethes œneus.
M. rufipes.
Trogosita mauritanica.
Silvanus frumentarius.
Cryptophagus cellaris.
Lathridius nodifer.
Mycetœa hirta.
Byturus tomentosus.
Dermestes Frischii.
D. vulpinus.
D. lardarius.
D. undulatus.
D. laniarius.
Attagenus pellio.
A. megatoma.
A. pantherinus.
A. 20 guttatus.
Anthrenus Pimpinellæ.
Anthrenus museorum.
Morychus œneus.
Oryctes Silenus.
O. nasicornis.
Gnorimus nobilis.
Trichius abdominalis.
Valgus hemipterus
Telephorus fuscus.
T. pallidus.
T. pulicarius.
T. testaceus.
T. nigricans.
T. fulvicollis.
T. paludosus.
T. dispar.
T. melanurus.
Antochomus equestris.
Dasytes plumbeus.
D. cœruleus.

D. subœnœus.
Danacœa pallipes.
Corynetes cœruleus.
Apate capucina.
Blaps mucronata.
B. fatidica.
B. mortisaga.
Opatrum sabulosum.
Tenebrio molitor.
T. obscurus.
Mordella aculeata.
M. bipunctata.
Anaspis frontalis.
Tous les Bruchus cités en janvier.
Liophlœus nubilus.
Eusomus elongatus.
Strophosomus Coryli.
Brachideres incanus.
Otiorynchus scabripennis.
O. unicolor.
O. fuscipes.
O. porcatus.
O. ligneus.
O. picipes.
O. monticola.
O. sulcatus.
O. ovatus.
O. Liguistici.
O. niger.
Peritelus griseus.
Minyops variolosus.
Molytes coronatus.
Liosomus ovatulus.
Orchestes fagi.
O. Loniceræ.
O. Salicis.
Coryssomerus capucinus.
Tychius sparsutus.
Elleschus bipunctatus.
Prionus coriaceus.
Œgosoma scabricornæ.
Hylotrupes bajulus.
Callidium variabile.
C. melancholicum.
C. undatum.
C. violaceum.
C. sanguineum.
C. rufipes.
C. unifasciatum.
C. Alni.
Asemum striatum.
Saphanus spinosus.
Leiopus nebulosus.
Pogonocherus dentatus.
P. fasciculatus.
P. hispidus.
Saperda Carcharias.
S. populnea.
Agapanthia cœrulea.
A. cardui.
A. irrorata.
A. angusticollis.
A. annularis.
A. asphodeli.
A. violacea.
Oberea linearis.
O. oculata.
O. pupillata.
Phytœcia virescens.
Toxotus meridianus.
Donacia clavipes.

D. lemnæ.
D. crassipes.
D. sericea.
D. simplex.
Cryptocephalus sericeus.
C. geminus.
C. rugicollis.
C. violaceus.
C. 4 punctatus.
C. pygmœus.
C. vittatus.
C. bipunctatus.
C. flavipes.
C. Morœi.
C. nitens.
C. marginellus.
Pachibrachys histriaio.
Helodes Phellandrii.
Phœdon Colchleariæ.
Phratora tibialis.
P. vitellinæ.

MAI.

Cicindela hybrida.
C. campestris.
Elaphrus riparius.
Notiophilus aquaticus.
N. semipunctatus.
Omophron limbatum.
Blethisa multipunctata.
Nebria brevicollis.
Leistus spinibarbis.
Leistus ferrugineus.
Carabus auratus.
C. auronitens.
C. nitens.
C. catenulatus.
C. purpurascens.
C. convexus.
C. nemoralis.
C. hortensis.
C. cancellatus.
C. granulatus.
C. consitus.
Procrustes coriaceus.
Calosoma sycophanta.
C. inquisitor.
Odacantha melanura.
Drypta emarginata.
Brachinus crepitans.
B. explodens.
B. scopleta.
Cymindis humeralis.
C. axillaris.
Demetrias monostigma.
D. imperialis.
D. atricapillus.
Dromius linearis.
D. agilis.
D. quadrimaculatus.
D. 4-notatus.
Blechrus glabratus.
B. maurus.
Lebia cyanocephala.
L. chlorocephala.

L. crux-minor.
L. marginata.
Metabletus foveola.
Panagœus crux-major.
P. bipustulatus.
Loricera pilicornis.
Callistus lunatus.
Oodes helopioides.
O. gracilis.
Chlœnius velutinus.
C. Schranki.
C. holosericeus.
Licinus depressus.
Badister bipustulatus.
Stomis pumicatus.
Anisodactylus binotatus et sa variété :
A. spurcaticornis.
Harpalus columbinus.
H. Sabulicola.
H. diffinis.
H. maculicornis.
H. oblongiusculus.
H. planicollis.
H. mendax.
H. œneus.
H. distinguendus.
H. griseus.
H. brevicollis.
Acupalpus dorsalis.
A. meridianus.
Zabrus gibbus.
Z. curtus.
Toutes les Amara citées au mois de Mars.
Sphodrus leucophtalmus.
S. planus.
Pristonychus terricola
Calathus cisteloïdes.
C. melanocephalus.
C. fulvipes.
C. fuscus.
Anchomenus angusticollis.
A. prasinus.
A. cyaneus.
A. junceus.
A. pallipes.
Tous les Agonum cités au mois de janvier.
Trechus lithophilus.
T. rubeus.
T. minutus.
T. nigrinus.
Tout le genre Bembidium.
Leja articulata.
L. Doris.
L. gilvipes.
Peryphus ripicola.
Nothaphus adustus.
Dytiscus latissimus.
D. dimidiatus.
D. punctulatus.
Cybister Rœselii.
Acilius canaliculatus.
A. sulcatus.
Hydaticus transversalis.
H. Hybneri.
H. cinereus.
Ilybius ater.
I. fuliginosus.
Hyphydrus ferrugineus.
Hydroporus geminus.

H. minutissimus.
H. reticulatus.
H. halensis
H. 12-pustulatus.
H. pumilus.
H. depressus.
H. opatrinus.
H. lepidus.
H. palustris.
H. planus.
H. limbatus.
H. pubescens.
H. flavipes.
H. scalesianus.
Pelobius Hermanii.
Halipus obliquus.
H. flavicollis.
Tous les Gyrinus cités au mois d'avril.
Hydrophilus piceus.
Hydrous caraboïdes.
H. flavipes.
Hydrobius globulus.
H. fuscipes.
Philhydrus marginellus.
P. lividus.
P. ovalis.
Spercheus emarginatus.
Hydrochus elongatus.
H. angustatus.
Hydrea testacea.
H. nigrita.
Cyclonotum orbiculare.
Falagria obscura.
Autalia impressa.
Alcochara nitida.
A. fuscipes.
Homalota inquinula.
H. stercoraria.
H. gagatina.
Tachyusa umbratica.
Oxypoda umbrata.
O. lividipennis.
Achenium depressum.
Lathrobium multipunctatum.
Sunius gracilis.
Tous les Stenus cités au mois de février.
Hister sinuatus.
H. notatus.
H. 4-maculatus.
H. purpurascens.
H. cadaverinus.
H. stercorarius.
H. ventralis.
Saprinus nitidulus.
S. œneus.
S. speculifer.
Onthophilus striatus.
Meligethes œneus.
M. rufipes Trogosita mauritanica.
Silvanus frumentarius.
Cryptophagus cellaris.
Lathridus nodifer.
Mycetæa hirta.
Byturus tomentosus.
Tous les Dermestes, les Attagenus et les Anthrenus cités en avril.
Morychus œneus.

Platycerus caraboides.
Rhyssemus asper.
Œgialia arenaria.
Trox perlatus.
T. hispidus.
T. sabulosus.
T. scaber.
Rhizotrogus ater.
R. thoracicus.
Melolontha vulgaris.
M. Hippocastani.
Oryctes Silenus.
O. nasicornis.
Cetonia aurata.
C. opaca.
C. hirtella.
C. stictica.
Gnorimus nobilis.
Trichius abdominalis.
Valgus hemipterus.
Anthaxia inculta.
A. manca.
A. Salicis.
A. nitidula.
Lacon murinus.
Elater sanguinolentus.
E. pomorum.
Cryptohypnus pulchellus.
Cardiophorus thoracicus.
C. asellus.
C. biguttatus.
Limonius cylindricus.
L. nigripes.
Athoüs hemorrhoïdalis.
A. niger.
Corymbites latus.
C. hœmatodes.
C. œneus.
C. cuprœus.
C. tessellatus.
C. œruginosus.
C. holosericeus.
Agriotes lineatus.
A. ustulatus.
A. aterrimus.
A. segetis.
Cyphon Padi.
Trox aurora.
Omalisus suturalis.
Tous les Telephorus cités au mois d'avril.
Malthodes minimus.
Malachius œneus.
M. pulicarius.
M. bipustulatus.
Dasytes plumbeus.
D. cæruleus.
D. subœneus.
Danacœa pallipes.
Corynetes cœruleus.
Apate capucina.
Blaps mucronata.
B. fatidica.
B. mortisaga.
Opatrum sabulosum.
Tenebrio molitor.
T. obscurus.
Cistela sulphuræa.
Mycetochares barbata.
M. maculata.
M. bipustulata.
Omophlus lepturoïdes.

O. picipes.
Lagria hirta.
Notoxus monoceros.
Anthicus hispidus.
A. floralis.
A. antherinus.
A. sellatus.
Formiconus pedestris.
Mordella aculeata.
M. bipunctata.
Anaspis frontalis.
Œdemera podagraria.
Œ. flavescens.
Œ. lurida.
Œ. flavipes.
Œ. cærulea.
Tous les Bruchus cités en janvier.
Spermophagus Cardui.
Urudon rufipes.
U. suturalis.
Liophlœus nubilus.
Eusomus elongatus.
Strophosomus Coryli.
Brachideres incanus.
Sitones lineatus.
S. flavescens.
S. gemellatus.
S. puncticollis.
S. crinitus.
S. hispidulus.
S. discoïdeus.
Metallites mollis.
Polydrosus sericeus.
Tanymecus palliatus.
Chlorophanus viridis.
C. pollinosus.
C. graminicola.
Tous les Otiorynchus cités en avril.
Peritelus griseus.
Minyops variolosus.
Molytes coronatus.
Liosomus ovatulus.
Alophus triguttatus.
Phytonomus coniatus.
P. punctatus.
P. tigrinus.
P. Rumicis.
P. constans.
P. variabilis.
Coniatus repandus.
C. Tamarisci.
Cleonus turbatus.
C. sulcirostris.
C. trisulcatus.
C. marmoratus.
C. ophtalmicus.
C. obliquus.
Bothinorides brevirostris.
Larinus scolymi.
L. flavescens.
L. jaceæ.
Lixus paraplecticus.
L. turbatus.
L. filiformis.
L. angustatus.
L. Ascani.
Hylobius abietis.
H. falceus.
H. pinastri.
Lepyrus binotatus.

L. colon.
Pissodes notatus.
Erirhinus Scirpi.
E. acridulus.
Dorytomus macropus.
D. vorax.
Mecinus Pyraster.
Apion violaceum.
A. virens.
A. pisi.
A. æthiops.
A. Fagi.
A. cruentatum.
A. miniatum.
A. malvæ.
A. flavofemoratum.
A. vernale.
A. fuscirostre.
A. ulicis.
A. carduorum.
A. Pomonæ.
Apoderus Coryli.
Rynchites betuleti.
R. Bacchus.
R. æquatus.
R. tristis.
R. sericeus.
R. minutus.
R. conicus.
R. œneo-virens.
R. populi.
R. alliariæ.
R. cupreus.
Attelabus curculionides.
Magdalinus memnonius.
Balalinus glandium.
B. turbatus.
B. nucum.
Anthonomus pomorum.
A. pyri.
A. Ulmi.
A. Rubi.
A. druparum.
Orchestes Fagi.
O. Loniceræ.
O. Salicis.
Coryssomerus capucinus.
Tychius sparsutus.
Elleschus bipunctatus.
Cionus scrophulariæ.
C. Solani.
C. hortulanus.
C. Verbasci.
C. Thapsi.
C. Blattariæ.
Nanophyes spretus.
N. Lythri.
Centorynchus sulcicollis.
C. assimilis.
C. macula alba.
C. horridus.
C. suturalis.
C. arator.
C. quadridens.
C. trimaculatus.
C. Raphani.
C. Ericæ.
C. atratulatus.
C. Erysimi.
C. topiarius.
Poophagus Sisymbrii.
Gymnetron plantarum.

Tapinotus sellatus.
Prionus coriaceus.
Œgosoma scabricornæ.
Hylotrupes bajulus.
Tous les Callidium cités au mois d'avril.
Asemum striatum
Saphanus spinosus.
Clytus arietis.
C. detritus.
C. arcuatus.
C. floralis.
C. Hafniensis.
C. trifasciatus.
C. ornatus.
C. quadripunctatus.
C. massiliensis.
C. mysticus.
Gracilia pymæa.
Obrium brunneum.
Molorchus umbellatarum.
Stenopterus præustus.
S. rufus.
Leiopus nebulosus.
Pogonocherus dentatus.
P. fasciculatus.
P. hispidus.
Saperda Carcharias.
S. populnea.
Tous les Agapanthia cités au mois d'avril.
Oberea linearis.
O. oculata.
O. pupillata.
Phtœcia virescens.
Toxotus meridianus.
Strangalia armata.
S. melanura.
S. nigra.
S. arcuata.
Pachyta cerambyciformis.
P. collaris.
P. virginea.
Leptura testacea.
L. livida.
Gramoptèra ruficornis.
Anoplodera 6-guttata.
Toutes les Donacia citées en avril.
Clytra 4-maculata.
C. scopolina.
C. tripunctata.
C. 6-maculata.
C. longipes.
C. taxicornis.
C. longimana.
C. 4-punctata.
C. læviuscula.
Bromius vitis.
B. obscurus.
Chrysochus pretiosus.
Tous les Cryptocephalus cités en avril.
Pachybrachys histrio.
Helodes Phellandrii.
Prœdon Cochleariæ.
Phratora tibialis.
P. Vitellinæ.
A dimonia rustici.
A. tanaceti.
A. interrupta.
A. Capreæ.

A. sanguinea.
Galeruca viburni.
G. calmariensis.
G. cratœgi.
G. Alni.
Agelastica Alni.
A. halensis.
Luperus rufipes.
L. flavipes.
Crepidodera Helxines.
C. Chloris.
C. transversa.
Hermæophaga Mercurialis.
Phyllotreta nemorum.
P. flexuosa.
P. antennata.
P. melœna.
Apteropeda ciliata.
Psylliodes attenuata.
P. luteola.
Podagrica fuscipes.
P. fuscicornis.
Plectroscelis aridula.
P. chlorophana.
Hispa atra.

JUIN.

Cicindela campestris.
C. hybrida.
C. sylvatica.
C. littoralis.
C. flexuosa.
Elaphrus riparius.
Notiophilus semipunctatus.
Omophron limbatum.
Blethisa multipunctata.
Nebria brevicollis.
Leistus spinibarbis.
Carabus auratus.
C. auronitens.
C. catenulatus.
C. purpurascens.
C. convexus.
C. nemoralis.
C. hortensis.
C. cancellatus.
C. granulatus.
C. nodulosus.
C. violaceus.
C. marginalis.
C. consistus.
Procrustes coriaceus.
Calosoma sycophanta.
C. inquisitor.
Odacantha melanura.
Brachinus crepitans.
B. explodens.
B. scopleta.
Demetrias monostigma.
D. atricapillus.
D. imperialis.
Blechrus glabratus.
B. maurus.

Lebia chlorocephala.
Lebia crux minor.
L. marginata.
Metabletus foveola.
Charopterus truncatellus.
Lionychus quadrillum.
Clivina fossor.
Panagœus crux-major.
P. bipustulatus.
Loricera pilicornis.
Callistus lunatus.
Chlœnius velutinus.
Licinus cassideus.
L. depressus.
Badister bipustulatus.
Broscus cephalotes.
Anisodactylus binotatus et sa variété :
A. spurcaticornis.
Bradycellus harpalinus.
Harpalus columbinus.
H. sabuticola.
H. diffinis.
H. maculicornis.
H. oblongiusculus.
H. planicollis.
H. mendax.
H. œneus.
H. distinguendus.
H. griseus.
H. brevicollis.
H. puncticollis.
H. anxius.
H. melancholicus.
H. serripes.
Stenolophus teutonus.
S. vespertinus.
S. Skrimshiranus.
S. vaporiarum.
Acupalpus dorsalis.
A. meridianus.
Feronia punctulata.
F. cupræa.
F. lepida.
F. dimidiata.
F. fossulata.
F. terricola.
F. concinna.
F. vernalis.
F. melanaria.
F. anthracina.
F. nigrita.
F. strenua.
F. erudita.
F. oblongo-punctata.
F. striola.
F. parallela.
F. ovalis.
Zabrus gibbus.
Zabrus curtus.
Toutes les Amara citées au mois de Mai.
Sphodrus leucophtalmus.
S. planus.
Pristonychus terricola.
Calathus cisteloïdes.
C. melanocephalus.
C. fulvipes.
C. fuscus.
Anchomenus angusticollis.
A. prasinus.
A. cyaneus.

A. junceus.
A. pallipes.
Tous les Agonum cités au mois de Janvier.
Trechus minutus.
Tachypus flavipes.
T. pallipes.
Tout le genre Bembidium.
Leja articulata.
L. Doris.
L. gilvipes.
Peryphus ripicola.
Nothaphus adustus.
Dytiscus latissimus.
Colymbetes fuseus.
C. oblongus.
C. adspersus.
C. conspersus.
Ilybius ater.
I. fuliginosus.
Agabus bipustulatus.
A. bipunctulatus.
A. chalconotus.
A. abreviatus.
Laccophilus minutus.
Noterus crassicornis.
Hyphydrus ferrugineus.
Tous les Hydroporus cités au mois de Mai.
Pelobius Hermanii.
Haliphus obliquus.
H. flavicollis.
Tous les Gyrinus cités au mois d'Avril.
Hydrophilus piceus.
Berosus affinis.
B. œriceps.
Laccobius pallidus.
Spercheus emarginatus.
Hydrochus elongatus.
H. angustatus.
Hydrea testacea.
H. nigrita.
Ochtebius exsculptus.
O. exaratus.
Cyclonotum orbiculare.
Sphœridium scaraboïdes.
S. bipustulatum.
Cercyon unipunctatum.
C. minutum.
C. hœmorrhoüm.
C. pygmæum.
Falagria obscura.
Autalia impressa.
Bolitochara bella.
Aleochara nitida.
A. fuscipes.
A. tristis.
A. bipunctata.
A. lanuginosa.
Myrmedonia canaliculata.
Homalota inquinula.
H. stercoraria.
H. gagatina.
Tachyusa umbratica.
Oxypoda lividipennis.
O. umbrata.
Phlœopora corticalis.
Gyrophœna affinis.
Tachyporus humerosus.
T. formosus.
T. brunneus.

Bolitobius lunatus.
Conurus lividus.
Quedius crassus.
Q. scintillans.
Q. boops.
Q. fuliginosus.
Staphylinus fossor.
S. cæsareus.
S. chrysocephalus.
S. crythropterus.
S. pubescens.
Emus hirtus.
Creophilus maxillosus.
Ocypus oleus.
Anodus Morio.
Philonthus æneus.
P. rubidus.
P. immundus.
P. fulvipes.
P. ebeninus.
Xantholinus fulgidus.
X. punctulatus.
X. linearis.
Leptacinus brathychrus.
Othius læviusculus.
Achenium depressum.
Lathrobium multipunctatum.
Sunius gracilis.
Pœderus riparius.
P. ruficollis.
Tous les Stenus cités au mois de Février.
Platystethus Cornutus.
Trogophlœus riparius
Lesteva bicolor
Anthophagus armiger.
Omalium vile.
O. rivulare.
Pselaphus Heisei.
Bryaxis sanguinea.
Scydmœnus collaris.
Necrophorus fossor.
N. humator.
N. vestigator.
N. vespillo.
N. mortuorum.
N. ruspator.
N. germanicus.
Silpha littoralis.
S. atrata.
S. opaca.
S. 4-punctata.
S. carinata.
S. thoracica.
S. rugosa.
S. sinuata.
S. obscura.
Silpha tristis.
S. reticulata.
S. nigrita.
S. polita.
Catops nigricans.
Anisotoma cinnamomea.
Trichopteryx atomaria.
Tous les Hister et les Saprinus cités au mois de Mai.
Scaphidium immaculatum.
Nitidula bipustulata.
Epuræa 10-guttata.
Meligethes æneus.

M. rufipes.
Trogosita mauritanica.
Silvanus frumentarius.
Cryptophagus cellaris.
Lathridus nodifer.
Mycetæa hirta.
Byturus tomentosus.
Tous les Dermestes, les Astagenus et les Antherus cités en avril.
Cryptarcha strigata.
Pocadius ferrugineus.
Collydium elongatum.
Mycethophagus atomarius.
M. 4-pustulatus.
Nosodendron fasciculare.
Byrrhus pilula.
B. varius.
Georyssus pygmæus.
Elnis tuberculatus.
E. œneus.
Pomatinus substriatus.
Parmis prolifericornis.
Lucanus cervus.
Dorcus parallelipipedus.
Platycerus caraboïdes.
Sisyphus Schœfferi.
Copris lunaris.
Oniticellus flavipes.
Onthophagus vacca.
O. taurus.
O. fracticornis.
O. cœnobita.
O. lemur.
O. amyntas.
O. ovatus.
O. Schrœberi.
Aphodius fossor.
A. nemoralis.
A. granarius.
A. fimentarius.
A. scybalarius.
A. fœtens.
A. erraticus.
A. subterraneus.
A. merdarius.
A. nitidulus.
A. inquinatus.
A. porcatus.
A. luridus.
Rhyssemus asper.
Ægialia arenaria.
Bolboceras mobilicornis.
Geotrupes mutator.
G. stercorarius.
G. vernalis.
G. sylvaticus.
Trox perlatus.
T. hispidus.
T. sabulosus.
T. scaber.
Hoplia philanthus.
Rhizotogrus ater.
R. thoracicus.
R. solstitialis.
Polyphylla fullo.
Anisoplia arvicolla.
A. tempestiva.
Anomala Frischii.
Anomala Junii.
Phyllopertha horticola.
Oryctes Silenus.

O. nasicornis.
Cetonia aurata.
C. opaca.
C. hirtella.
C. stictica.
Osmoderma eremita.
Acmœodera tœniata.
Capnodis tenebricosa.
Dicerca berolinensis.
Caleophora mariana.
Anthaxia inculta.
A. manca.
A. Salicis.
A. nitidula.
Agrilus biguttatus.
A. viridis.
A. cæruleus.
A. angustulus.
Trachys minuta.
T. pygmœa.
T. nana.
Lacon murinus.
Elater sanguinolentus.
E. pomorum.
Cryptohypnus minutissimus.
C. pulchellus.
Tous les Cardiophorus, les Limonius, les Athoüs et les Corymbites cités au mois de Mai.
Agriotes lineatus.
A. ustulatus.
A. aterrimus.
A. segetis.
Dolopius marginatus.
Synaptus filiformis.
Adrastus humilis.
Cyphon Padi.
Trox aurora.
Omalisus suturalis.
Lampyris splendidula.
N. noctiluca.
Drilus flavescens.
Tous les Telephorus cités au mois d'Avril.
Malthodes minimus.
Malachius œneus.
M. pulicarius.
M. marginellus.
M. bipustulatus.
Tous les Dasytes cités au mois de Maï.
Corynetes cæruleus.
Hylecœtus Dermestoïdes.
Apate capucina.
Lyctus canaliculatus.
Anobium tesselatum.
A. pertinax.
A. striatum.
A. paniceum.
Ptinus fur.
P. latro.
P. crenatus.
Dryophilus pusillus.
Ochina Hederæ.
Ptilinus pectinicornis.
Gibbium scotius.
Blaps mucronata.
B. fatidica.
B. mortisaga.
Asida grisea.

Opatrum sabulosum.
Trachyscelis aphodioïdes.
Phalerina cadaverina.
Diaperis Boleti.
Eledona agaricola.
Tenebrio molitor.
T. obscurus.
Cistela sulphuræa,
Mycetochares barbata.
M. maculata.
M. bipustulata.
Omophlus lepturoïdes.
O. picipes.
Melandrya caraboïdes.
Lagria hirta.
Pyrochroa coccinea.
P. rubens.
Notoxus monoceros.
Anthicus hispidus.
A. floralis.
A. antherinus.
A. sellatus.
Formiconus pedestris.
Mordella aculeata.
M. bipunctata.
Anaspis frontalis.
Melæ tuccius.
M. rugosus.
M. cyaneus.
M. violaceus.
M. purpurascens.
M. variegatus.
M. autumnalis.
M. brevicollis cicatricosus.
Cantharis vesicatoria.
Sitaris muralis.

Tous les Œdemera cités en Mai.
Tous les Bruchus cités en Janvier.
Spermophagus Cardui.
Uurdon rufipes.
U. suturalis.
Tropideres albirostris.
Tous les Sitones cités au mois de mai.
Metallites mollis.
Polydrosus sericeus.
Tanymecus palliatus.
Chlorophanus viridis.
C. pollinosus.
C. graminicola.
Tous les Otiorynchus cités en Avril.
Peritelus griseus.
Phyllobius uniformis.
P. Pyri.
P. oblongus.
P. calcaratus.
P. alneti.
P. argentatus.
P. viridicollis.
Minyops variolosus.
Molytes coronatus.
Liosomus ovatulus.
Alophus triguttatus.
Bothinorides brevirostris.
Tous les Phytonomus, les Coniatus, les Cleonus, les Larinus et les Lixus cités au mois de Maï.
Hylobius abietis.

H. falceus.
H. pinastri.
Lepyrus binotatus.
L. colon.
Pissodes notatus.
Erirhinus Scirpi.
E. acridulus.
Dorytomus macropus.
D. vorax.
Mecinus pyraster.
Tous les Apion et les Rynchités cités au mois de Mai.
Apoderus Coryli.
Attelabus curculionides.
Magdalinus memnonius.
Tous les Balalinus et les Anthonomus cités en Mai.
Orchestes Fagi.
O. Loniceræ.
O. Salicis.
Coryssomerus capucinus.
Tychius sparsutus.
Elleschus bipunctatus.
Tous les Cionus cités en Mai.
Nanophyes spretus.
N. Lythri.
Cryptorynchius Lapathi.
Tous les Ceuthorynchus cités en Mai.
Poophagus Sisymbrii.
Gymnetron plantarum.
Tapinotus sellatus.
Sphenophorus abbreviatus.
Calandra granaria.
C. Oryzæ.
Pentarthron Huttoni.
Ryncolus cylindrirostris.
R. truncorum.
Dryophthorus lymexylon.
Spondilis buprestoïdes.
Ergastes faber.
Prionus coriaceus.
Œgosoma scabricornæ.
Aromia moschata.
Purpuricenus Kœhleri.
Hylotrupes bajulus.
Tous les Callidium cités en Avril.
Asemum striatum.
Saphanus spinosus.
Tous les Clytus cités en Mai.
Obrium brunneum.
Molorchus umbellatarum.
Stenopterus præustus.
S. rufus.
Dorcadion fuliginator.
Lamia textor.
Astynomus ædilis.
A. atomarius.
Leiopus nebulosus.
Pogonocherus dentatus.
P. fasciculatus.
P. hispidus.
Saperda Carcharias.
S. populnea.
Tous les Agapanthia cités au mois d'Avril.
Calamodius gracilis.

Mesosa curculionides.
Oberea linearis.
O. oculata.
O. pupillata.
Phytœcia virescens.
Rhagium bifasciatum.
R. mordax.
R. indagator.
R. inquisitor.
Toxotus meridianus.
Toutes les Strangalia, les Pachyta, les Leptura citées au mois de Mai.
Grammoptera ruficornis.
Anoplodera 6-guttata.
Toutes les Donacia citées en Avril.
Hæmonia Equiseti.
H. Chevrolati.
H. Mosellæ.
Toutes les Clytra citées en Mai.
Bromius vitis.
B. obscurus.
Chrysochus pretiosus.
Tous les Cryptocephalus cités en Avril.
Pachybrachys histrio.
Lina populi.
L. Tremulæ.
L. collaris.
Chrysomela violacea.
C. menthastri.
C. cerealis.
C. fastuosa.
C. graminis.
C. varians.
C. gœttingensis.
C. vernalis.
C. opaca.
C. femoralis.
C. hæmoptera.
C. marginalis.
C. limbata.
C. americana.
C. polita.
C. fucata.
C. geminata.
Tinarcha tenebricosa.
T. coriaria.
T. intestitialis.
Gastrophysa polygoni.
G. Raphani.
Helodes Phellandrii.
Phœdon Cochleariæ.
Phratora tibialis.
P. vitellinæ.
Toutes les Adimonia, les Galeruca, les Agelastica, les Luperus, les Crepidodera cités au mois de Mai.
Hermæophaga mercurialis.
Graptodera oleracea.
G. Lythri.
Longitarsus Echii.
L. Tabidus.
L. dorsalis.
L. Verbasci.
Tous les Phyllotreta, les Apteropeda, les Psylliodes, les Podagrica et

les Plectroscelis cités en Mai.
Hispa atra.
Cassida nebulosa.
C. ferruginea.
C. vibex.
C. nobilis.
C. berolinensis.
C. obsoleta.
Triplax bicolor.
T. ruficollis.
T. russica.
Engis sanguinicollis.
Tritoma bipustulata.
Dapsa 3-maculata.
Endomychus coccineus.
Lycoperdida succinta et tous les insectes de la 24e famille (Coccinellidæ).

JUILLET.

Cicindela campestris.
C. hybrida.
C. sylvatica.
C. littoralis
C. flexuosa.
Elaphrus riparius.
Notiophilus semipunctatus.
Omophron limbatum.
Blethisa multipunctata.
Nebria brevicollis.
Leistus spini barbis.
Carabus auratus.
C. auronitens.
C. catenulatus.
C. purpurascens.
C. convexus.
C. nemoralis.
C. hortensis.
G. molinis.
C. cancellatus.
C. granulatus.
C. nodulosus.
C. violaceus.
C. marginalis.
C. Consitus
Odacantha melanura.
Brachinus crepitans.
B. scopleta.
B. explodens.
Demetrias monostigma.
D. imperialis.
D. atricapillus.
Blechrus glabratus.
B. Maurus.
Lebia crux minor.
Metabletus foveola.
Charopterus truncatellus.
Lionychus quadrillum.
Clivina fossor.
Panagœus crux-major.
Loricera pilicornis.
Callistus lunatus.
Licinus silphoïdes.
L. Cassideus.

L. Depressus.
Badister bipustulatus.
Broscus cephalotes.
Anisodactylus binotatus et sa variété A. spucaticornis.
Bradycellus harpalinus.
Harpalus œneus.
H. griseus.
H. Brevicollis.
H. puncticollis.
H. Anxius.
H. melancholicus.
H. serripes.
Stenolophus teutonus.
S. vespertinus.
S. Skrims hiranus.
S. vaporiarum.
Toutes les Feronia citées au mois précédent.
Zabrus gibbus.
Z. curtus.
Toutes les Amara citées au mois de Mai.
Anchomenus angusticollis.
A. prasinus.
A. cyaneus.
A. junceus
A. pallipes.
Trechus minutus.
Tachypus flavipes.
T. pallipes.
Tout le genre Bembidium.
Leja articulata.
L. Doris.
L. gilvipes
Peryphus ripicola.
Nothaphus adustus.
Colymbetes fuscus.
C. oblongus.
C. adspersus.
C. conspersus.
Agabus bipustulatus.
A. bipunctulatus.
A. chalconotus.
A. abbreviatus.
Laccophilus minutus.
Noterus crassicornis.
Hyphydrus ferrugineus.
Tous les Hydroporus cités au mois de Mai.
Haliphus obliquus.
H. flavicollis
Pelobius Hermanii.
Tous les Gyrinus cités au mois d'Avril.
Hydrophilus piceus.
Berosus affinis.
B. æriceps.
Laccobius pallidus.
Spercheus emarginatus.
Hydrea testacea.
H. nigrita.
Ochtebius exsculptus.
O. exaratus.
Sphœridium scaraboïdes.
S. bipustulatum.
Cercyon unipunctatum.
C. minutum.
C. hæmorrhoüm.
C. pygmæum.
Falagria obscura.

Autalia impressa.
Bolitochara bella.
Aleochara nitida.
A. fuscipes.
Aleochara tristis.
A. bipunctata.
A. lanuginosa.
Myrmidonia caniculata.
Homalota inquinula.
H. stercoraria.
H. gagatina.
Tachyusa umbratica.
Oxypoda lividipennis.
O umbrata.
Phlœopora corticalis.
Gyrophœna affinis.
Tachyporus humerosus.
T. formosus.
T. Brunneus.
Bolitobius lunatus.
Conurus lividus.
Quedius crassus.
Q. scintillans.
Q. boops.
Q. fuliginosus.
Staphylinus fossor.
S. cæsareus.
S. chrysocephalus.
S. crythopterus.
S. pubescens.
Emus hirtus.
Creophilus maxillosus.
Ocypus olens.
Anodus Morio.
Philonthus œneus.
P. rubidus.
P. immundus.
P. fulvipes.
P. ebeninus.
Xantholinus fulgidus.
X. punctulatus.
X. linearis.
Leptacinus bathychrus.
Otius læviusculus.
Achevium depressum.
Lathrobium multipunctatum.
Pœderus riparius.
P. ruficollis.
Tous les Stenus cités au mois de Février.
Platystethus cornutus.
Trogophlœus riparius.
Lesteva bicolor.
Anthophagus armiger.
Omalium rivulare.
O. vile.
Pselaphus Heisei.
Bryaxis sanguinea.
Scydmœnus collaris.
Tous les Necrophorus et les Silpha cités au mois de juin.
Catops nigricans.
Tous les Hister et les Saprinus cités au mois de Mai.
Anisotoma cinnamomea.
Trichopteryx atomaria.
Dendrophilus pygmæus.
Scaphidium immaculatum.
Nitidula bipustulata.

Epurœa 10 guttata.
Cryptarcha strigata.
Pocadius ferrugineus.
Colidium elongatum.
Mycetophagus atomarius.
M. 4 pustulatus.
Georyssus pygmæus.
Elinis tuberculatus.
E. œneus.
Pomatinus substriatus.
Parmis prolifericornis.
Lucanus cervus.
Dorcus parallelipipedus.
Sinodendron cylindricum.
Sisyphus Schœfferi.
Copris lunaris.
Tous les Onthophagus et les Aphodius cités au mois de juin.
Rhyssemus asper.
Œgialia arenaria.
Bolboceras mobilicornis.
Geotrupes mutator.
G. stercorarius.
G. vernalis.
G. sylvaticus.
Trox perlatus.
T. hispidus.
T. sabulosus.
T. scaber.
Hoplia philanthus.
Anisoplia arvicola.
A. tempestiva.
Anomala Frischii.
A. Junii.
Phillopertha horticola.
Oryctes Silenus.
O. nasicornis.
Acmœodera tœniata.
Capnodis tenebricosa.
Dicerca berolinensis.
Ancylocheira rustica.
A. flavo maculata.
Caleophora mariana.
Anthaxia inculta.
A. manca.
A. Salicis.
A. nitidula.
Tous les Agrilus et les Trachys cités au mois de Juin.
Lacon murinus.
Elater sanguinolentus.
E. pomorum.
Cryptohypnus minutissimus.
C. pulchellus.
Tous les Cardiophorus, les Limoniüs, les Athous et les Corymbites cités au mois de Mai.
Agriotes lineatus.
A. uslulatus.
A. aterrimus
A. segetis.
Dolopius marginatus.
Synaptus filiformis.
Adrastus humilis.
Lampyris splendidula.
L. noctiluca.
Drilus flavescens.
Opilius mollis.

Thanasimus formicarius.
T. mutillarius.
Trichodes apiarius.
T. alvearius.
Corynetes cœruleus.
Hylecœtus dermestoïdes.
Apate capucina.
Tous les Anobiidæ et les Ptinidæ cités au mois de Juin.
Blaps mucronata.
B. fatidica.
B. mortisaga.
Asida grisea
Opatrum sabulosum.
Trachyscelis aphodioïdes.
Phalerina cadaverina.
Diaperis Boleti.
Eledona agaricola.
Tenebrio molitor.
T. obscurus.
Cistela sulphuræa.
Mycetochares barbata.
M. maculata.
M. bipustulata.
Omophlus lepturoïdes.
O. picipes.
Melandrya caraboïdes.
Lagria hirta.
Pyrochroa coccinea.
P. rubens.
Notoxus monoceros.
Anthicus hispidus.
A. floralis.
A. antherinus.
A. sellatus.
Formiconus pedestris.
Mordella aculeata.
M. bipunctata.
Anaspis frontalis.
Tous les Meloe cités au mois de Juin.
Cantharis vesicatoria.
Sitaris muralis.
Tous les Œdemera cités en Mai.
Tous les Bruchus cités en Janvier.
Spermophagus Cardui.
Urudon rufipes.
U. Suturalis.
Platyrrhinus latirostris.
Tous les Otiorynchus cités en Avril.
Peritelus griseus.
Tous les Plyllobius cités en Juin.
Molites coronatus.
Minyops variolosus.
Liosomus ovatulus.
Alophus triguttatus.
Bothinorides brevirostris.
Tous les Phytonomus, les Coniatus, les Cleonus, les Larinus et les Lixus cités au mois de Mai.
Hylobius abietis.
H. falceus.
H. pinastri.
Lepyrus binotatus.
L. colon.
Pissodes notatus.

Tous les Apion et les Rynchites cités au mois de Mai.
Apoderus Coryli.
Attelabus curculionides.
Tous les Balalinus et les Anthonomus cités en Mai.
Orchestes fagi.
O. Loniceræ.
O. Salicis.
Coryssomerus capucinus.
Tychius sparsutus.
Elleschus bipunctatus.
Tous les Cionus cités en Mai.
Nanophyes spretus.
N. Lythri.
Tous les Ceutorhynchus cités en Mai.
Poophagus Sisymbrii.
Gymnetron plantarum.
Tapinotus sellatus.
Stenophorus abbreviatus
Calandra granaria.
C. Oryzæ.
Pentarthron Huttoni.
Rhyncolus cylindrirostris.
R. truncorum.
Dryophthorus lymexylon.
Hylyrgus piniperda.
Hylesimus fraxini.
H. crenatus.
H. Thuyæ.
Scolytus pygmæus.
S. destructor.
Bostrichus typographus.
Spondylis buprestoïdes.
Ergastes faber.
Prionus coriaceus.
Œgosoma scabricornæ.
Cerambyx heros.
C. miles.
C. Cerdo.
Aromia moschata.
Purpuricenus Kœhleri.
Tous les Callidium cités en Avril.
Hylotrupes bajulus.
Asemum striatum.
Saphanus spinosus.
Tous les Cytus cités en Mai.
Obrium brunneum.
Molorchus umbellatarum.
Stenopterus præustus.
S. rufus.
Dorcadion fuliginator.
Lamia textor.
Astynomus œdilis.
A. atomarius.
Leiopus nebulosus.
Pogonocherus dentatus.
P. fasciculatus.
P. hispidus.
Saperda Carcharias.
S. populnea.
Tous les Agapanthia cités au mois d'Avril.
Calamobius gracilis.
Mesosa curculionides.
Rhagium bifasciatum.
R. mordax.
R. indagator.

R. inquisitor.
Toutes les Strangalia, les Pachyta et les Leptura citées au mois de Mai.
Grammoptera ruficornis.
Anoplodera 6-guttata.
Toutes les Hæmonia citées en Juin.
Toutes les Clytra citées en Mai.
Bromius vitis.
B. obscurus.
Chrysochus pretiosus.
Tous les Cryptocephalus cités en Avril.
Pachybrachys histrio.
Toutes les Lina, les Chrysomela, les Timarcha citées en Juin.
Gastrophysa polygoni.
G. Raphani.
Helodes Phellandrii.
Phœdon Cochleariæ.
Phratora tibialis.
P. Vitellinæ.
Toutes les Adimonia, les Galeruca, les Agelastica, les Luperus et les Crepidodera citées en Mai.
Hermæophaga mercurialis.
Tous les Graptodera et les Longitarsus cités en Juin.
Tous les Phyllotreta, les Apteropeda, les Psylliodes, les Podagrica et les Plectroscelis cités en Mai.
Hispa atra.
Toutes les Cassida, les Triplax, les Engis, les Tritoma, les Dapsa, les Endomychus, les Lycoperdida cités en Juin, et tous les insectes de la 24e famille. (Coccinellidæ.)

AOUT.

Cicindela campestris.
C. hybrida.
C. sylvatica.
C. littoralis.
C. flexuosa.
C. germanica.
Elaphrus riparius.
Notiophilus semipunctatus.
Omophron limbatum.
Nebria brevicollis.
Leistus spinibarbis.
Carabus auratus.
C. auronitens.
C. purpurascens.
C. convexus.
C. nemoralis.

C. hortensis.
C. monilis.
C. cancellatus.
C. granulatus.
C. marginalis.
C. consitus.
Odacantha melanura.
Brachinus crepitans.
B. explodens.
B. scopleta.
Demetrias monostigma.
D. imperialis.
D. atricapillus.
Blechrus glabratus.
B. Maurus.
Lebia crux-minor.
Metabletus foveola.
Charopterus truncatellus.
Lionychus quadrillum.
Clivina fossor.
Panagœus crux-major.
Loricera pilicornis.
Callistus lunatus.
Licinus silphoïdes
L. cassideus.
L. depressus.
Badister bipustulatus.
Broscus cephalotes.
Anisodactylus binotatus et sa variété.
A. spurcaticornis.
Bradycellus harpalinus.
Harpalus œneus.
H. griseus.
H. Brevicollis.
H. puncticollis.
H. anxius.
H. melancholicus.
H. serripes.
Stenolophus teutonus.
S. vespertinus.
S. Skrimshiranus.
S. vaporiarum.
Toutes les Feronia citées au mois de juin.
Zabrus gibbus.
Z. curtus.
Toutes les Amara citées au mois de Mai.
Anchomenus angusticollis.
A. cyaneus.
A. junceus
A. pallipes.
A. prasinus.
Trechus minutus.
Tachypus flavipes.
T. pallipes.
Tout le genre Bembidium.
Leja articulata.
L. Doris.
Nothaphus adustus.
Colymbetes fuscus.
C. oblongus.
C. adspersus.
C. conspersus.
Agabus bipustulatus.
A. bipunctulatus.
A. chalconotus.
A. abbreviatus.
Laccophilus minutus.
Noterus crassicornis.
Hyphydrus ferrugineus.

Tous les Hydroporus cités au mois de Mai.
Pelobius Hermanii.
Haliphus obliquus.
H. flavicollis
Tous les Gyrinus cités au mois d'Avril.
Hydrophilus piceus.
Hydrous caraboïdes.
H. flavipes.
Berosus affinis.
B. æriceps.
Laccobius pallidus.
Spercheus emarginatus.
Hydrea testacea.
H. nigrita.
Ochtebius exsculptus.
O. exaratus.
Sphœridium scaraboides.
S. bipustulatum.
Cercyon unipunctatum.
C. minutum.
C. hæmorrhoüm.
C. pygmæum.
Falagria obscura.
Autalia impressa.
Bolitochara bella.
Aleochara nitida.
A. fuscipes.
A. tristis.
A. bipunctata.
A. lanuginosa.
Myrmidonia canaliculata.
Homalota inquinula.
H. stercoraria.
H. gagatina.
Tachyusa umbratica.
Oxypoda lividipennis.
O. umbrata.
Phlœopora corticalis.
Gyrophœna affinis.
Tachyporus humerosus.
T. formosus.
T. brunneus.
Bolitobius lunulatus.
Conurus lividus.
Quedius crassus.
Q. scintillans.
Q. boops.
Q. fuliginosus.
Staphylinus fossor.
S. cæsareus.
S. chrysocephalus.
S. crythropterus.
S. pubescens.
Emus hirtus.
Creophilus maxillosus.
Ocypus olens.
Anodus Morio.
Philonthus œneus.
P. rubidus.
P. immundus.
P. fulvipes.
P. ebeninus.
Xantholinus fulgidus.
X. punctulatus.
X. linearis.
Leptacinus bathychrus.
Othius læviusculus.
Pœderus riparius.
P. ruficollis.
Tous les Stenus cités au

mois de Février.
Platystethus Cornutus.
Trogophlœus riparius
Lesteva bicolor.
Anthophagus armiger.
Omalium vile.
O. rivulare.
Pselaphus Heisei.
Bryaxis sanguinea.
Scydmœnus collaris.
Tous les Necrophorus et les Silpha cités au mois de Juin.
Catops nigricans.
Tous les Hister et les Saprinus cités au mois de Mai.
Anisotoma cinnamomea.
Trichopteryx atomaria.
Scaphidium immaculatum.
Nitidula bipustulata.
Epuræa 10-guttata.
Cryptarcha strigata.
Pocadius ferrugineus.
Colydium elongatum.
Mycethophagus atomarius.
M. 4-pustulatus.
Georyssus pygmæus.
Elmis tuberculatus.
E. œneus.
Pomatinus substriatus.
Parmis prolifericornis.
Lucanus cervus.
Gymnopleurus mopsus.
Sisyphus Schœfferi.
Copris lunaris.
Oniticellus flavipes.
Copris lunaris.
Tous les Ontophagus et les Aphodius cités au mois de de Juin.
Rhyssemus asper.
Ægialia arenaria.
Bolbaceras mobilicornis.
Geootrupes mutator.
G. stercorarius.
G. vernalis.
G. sylvaticus.
Acmœodera tœniata.
Capnodis tenebricosa.
Dicerca berolinensis.
Caleophora mariana.
Anthaxia manca.
A. inculta.
A. Salicis.
A. nitidula.
Tous les Agrilus et les Trachys cités au mois de Juin.
Lacon murinus.
Elater sanguinolentus.
E. pomorum.
Cryptohypnus minutissimus.
C. pulchellus.
Tous les Cardiophorus, les Limonius, les Athoüs et les Corymbites cités au mois de Mai.
Lampyris splendidula.
L. noctiluca.
Drilus flavescens.

Tous les Thanasimus et les Trichodes cités au mois de Juillet.
Corynetes cæruleus.
Apate capucina.
Tous les Anobiidæ et les Ptinidæ cités au mois de Juin.
Blaps mucronata.
B. fatidica.
B. mortisaga.
Asida grisea.
Opatrum sabulosum.
Tenebrio molitor.
T. obscurus.
Cistela sulphuræa,
Mycetochares barbata.
M. maculata.
M. bipustulata.
Omophlus picipes.
O. lepturoïdes.
Melandrya caraboïdes.
Lagria hirta.
Pyrochroa coccinea.
P. rubens.
Notoxus monoceros.
Anthicus hispidus.
A. floralis.
A. antherinus.
A. sellatus.
Formiconus pedestris.
Mordella aculeata.
M. bipunctata.
Anaspis frontalis.
Tous les Melœ cités au mois de Juin.
Tous les Œdemera cités en Mai.
Tous les Bruchus cités en Janvier.
Spermophagus Cardui.
Urudon rufipes.
U. suturalis.
Platyrrhinus latirostris.
Tous les Otiorynchus cités en Avril.
Peritelus griseus.
Tous les Phyllobius cités en Juin.
Minyops variolosus.
Molytes coronatus.
Liosomus ovatulus.
Alophus triguttatus.
Bothinorides brevirostris.
Tous les Phytonomus, les Coniatus, les Cleonus, les Larinus et les Lixus cités au mois de Mai.
Hylobius abietis.
H. falceus.
H. pinastri.
Lepyrus binotatus.
L. colon.
Pissodes notatus.
Erirhinus Scirpi.
E. acridulus.
Dorytomus macropus.
D. vorax.
Mecinus pyraster.
Tous les Apion et les Rynchités cités au mois de Mai.

Apoderus Coryli.
Attelabus curculionides.
Tous les Balalinus et les Anthonomus cités en Mai.
Orchestes Fagi.
O. Loniceræ.
O. Salicis.
Coryssomerus capucinus.
Tychius sparsutus.
Elleschus bipunctatus.
Tous les Ceuthorynchus cités en Mai.
Poophagus Sisymbrii.
Gymnetron plantarum.
Tapinotus sellatus.
Sphenophorus abbreviatus.
Calandra granaria.
C. Oryzæ.
Pentarthron Huttoni.
Ryncolus cylindrirostris.
R. truncorum.
Dryophthorus lymexylon.
Hylurgus piniperda.
Hylosimus fraxini.
H. crenatus.
H. Tuyæ.
Scolitus pygmæus.
S. destructor.
Bostrichus typographus.
Prionus coriaceus.
Œgosoma scabricornæ.
Cerambyx heros.
C. miles.
C. Cerdo.
Hylotrupes bajulus.
Tous les Callidium cités au mois d'Avril.
Asemum striatum.
Saphanus spinosus.
Leiopus nebulosus.
Pogonocherus dentatus.
P. fasciculatus.
P. hispidus.
Saperda Carcharias.
S. populnea.
Tous les Agapenthia cités au mois d'Avril.
Calamobius gracilis.
Mesosa curculionides.
Rhagium bifasciatum.
R. mordax.
R. indagator.
R. inquisitor.
Toutes les Strangalia, les Pachyta et les Leptura citées en Mai.
Grammoptera ruficornis.
Anoplodera 6-guttata.
Orsodacna Cerasi.
Toutes les Hœmonia citées en Juin.
Toutes les Clytra citées en Mai.
Bromius vitis.
B. obscurus.
Chrysochus pretiosus.
Tous les Cryptocephalus cités en Avril.
Pachybrachys histrio.
Toutes les Lina, les Crysomela, les Timarcha citées en Juin.

Gastrophysa poligoni.
G. Raphani.
Helodes Phellandrii.
Phœdon Cochleariæ.
Phratora tibialis.
P. vitellinæ.
Toutes les Adimonia, les Galeruca, les Agelastica, les Luperus et les Crepidodera cités en Mai.
Hermæophaga Mercurialis.
Tous les Graptodera et les Longitarsus cités en Juin.

SEPTEMBRE.

Cicindela campestris.
C. hybrida.
C. littoralis.
C. flexuosa.
C. germanica.
Elaphrus riparius.
Notiophilus semipunctatus.
Omophron limbatum.
Nebria brevicollis.
Leistus spinibarbis.
Carabus auronitens.
C. purpurascens.
C. nemoralis.
C. hortensis.
C. cancellatus.
C. granulatus.
Procrustes coriaceus.
Cychrus caraboides.
C. attenuatus.
Odacanta melanura.
Brachinus crepitans.
B. explodens.
B. scopleta.
Cymindis humeralis.
C. axillaris.
Demetrias monostigma.
D. imperialis.
D. atricapillus.
Blechrus glabratus.
B. maurus.
Lebia cyanocephala.
Metabletus foveola.
Clivina fossor.
Panagœus crux-major.
Loricera pilicornis.
Callistus lunatus.
Oodes helopioïdes.
O. gracilis.
Chlœnius Schranki.
Licinus cassideus.
Badister bipustulatus.
Acinopus megacephalus.
A. tenebrioïdes.
Anisodactylus binotatus et sa variété.
A. spurcaticornis.
Diachromus germanus.
Bradycellus harpalinus.
Harpalus œneus.
H. griseus.

H. brevicollis.
H. puncticollis.
H. anxius.
H. melancholicus.
H. serripes.
Toutes les Feronia citées au mois de Juin.
Zabrus gibbus.
Toutes les Amara citées au mois de Mai.
Anchomenus angusticolis.
A. prasinus.
A. junceus.
A. cyaneus.
A. pallipes.
Tous les Agonum cités au mois de Janvier.
Trechus lithophilus.
T. rubens.
T. minutus.
T. nigrinus.
Tout le genre Bembidium.
Leja Doris.
L. articulata.
L. gilvipes.
Peryphus ripicola.
Nothaphus adustus.
Dytiscus marginalis.
D. circumflexus.
D. dimidiatus.
D. punctulatus.
Agabus bipustulatus.
A. bipunctatus.
A. chalconotus.
A. abbreviatus.
Laccophilus minutus.
Noterus crassicornis.
Hyphydrus ferrugineus.
Tous les Hydroporus cités au mois de Mai.
Pelobius Hermanii.
Haliphus obliquus.
H. flavicollis.
Tous les Gyrinus cités au mois d'Avril.
Hydrophilus piceus.
Philhydrus marginellus.
P. lividus.
P. ovalis.
Spercheus emarginatus.
Helophorus grandis.
H. minutus.
Hydrea testacea.
H. nigrita.
Ochthebius exsculptus.
O. exaratus.
Sphæridium scaraboïdes.
S. bipustulatum.
Cercyon unipunctatum.
C. minutum.
C. hæmorrhoüm.
C. pygmæum.
Falagria obscura.
Autalia impressa.
Bolitochara bella.
Aleochara nitida.
A. fuscipes.
A. tristis.
A bipunctata.
A. lanuginosa.
Myrmidonia canaliculata.
Homalota inquinula.

H. stercoraria.
H. gagatina.
Tachyusa umbratica.
Oxypoda lividipennis.
Oxypoda umbrata.
Phlœopora corticalis.
Gyrophæna affinis.
Tachyporus humerosus.
T. formosus.
T. brunneus.
Bolitobius lunulatus.
Conurus lividus.
Quedius crassus.
Q. scintillans.
Q. boops.
Q. fuliginosus.
Staphylinus fossor.
S. cæsareus.
S. chrysocephalus.
S. erythropterus.
S. pubescens.
Emus hirtus.
Creophilus maxillosus.
Ocypus olens.
O. cyaneus.
O. murinus.
Anodus Morio.
Philonthus œneus.
P. rubidus.
P. immundus.
P. fulvipes.
P. ebeninus.
Xantholinus fulgidus.
X. punctulatus.
X. linearis.
Leptacinus bathychrus.
Othius læviusculus.
Pœderus riparius.
P. ruficollis.
Tous les Stenus cités en Février.
Platystethus cornutus.
Oxytelus rugosus.
O. piceus.
O. sculpturatus.
Trogophlœus riparius.
Lesteva bicolor.
Anthophagus armiger.
Omalium vile.
O. rivulare.
Pselaphus Heisei.
Bryaxis sanguinea.
Scydmœnus collaris.
Tous les Necrophorus et les Silpha cités au mois de Juin.
Catops nigricans.
Tous les Hister et les Saprinus cités au mois de Mai.
Anisotoma cinnamomea.
Trichopteryx atomaria.
Scaphidium immaculatum.
Nitidula bipustulata.
Epuræa 10-guttata.
Cryptarcha strigata.
Pocadius ferrugineus.
Colydium elongatum.
Mycetophagus atomarius.
M. 4-pustulatus.
Georyssus pygmœus.
Elmis tuberculatus.
E. œneus.

Pomatinus tuberculatus.
Parmis prolifericornis.
Geotrupes mutator.
G. stercorarius.
G. Vernalis.
G. sylvaticus.
Caleophora mariana.
Tous les Cardiophorus, les Limonius, les Athoüs, et les Corymbites cités au mois de Mai.
Dictyopterus sanguineus.
Tous les Thanasimus et les Trichodes cités au mois de Juillet.
Corynetes cæruleus.
Tous les Anobiidæ et les Ptinidæ cités au mois de Juin.
Blaps mucronata.
B. mortisaga.
B. fatidica.
Asida grisea.
Crypticus quisquilus.
Tenebrio molitor.
T. obscurus.
Helops striatus.
H. lanipes.
Cystela sulphuræa.
Mycetochares barbata.
M. maculata.
M. bipustulata.
Omophlus lepturoïdes.
O. picipes.
Melandrya caraboïdes.
Lagria hirta.
Pyrochora coccinea.
P. rubens.
Mordella aculeata.
M. bipunctata.
Anaspis frontalis.
Tous les Melœ cités au mois de Juin.
Spernophagus cardui.
Urudon rufipes.
U. suturalis.
Platyrrhinus latirostris.
Tous les Bruchus cités en Janvier.
Tous les Otiorynchus cités en Avril.
Peritelus griseus.
Tous les Balalinus et les Anthonomus cités en Mai.
Tous les Ceutorhynchus cités en Mai.
Poophagus Sisymbrii.
Gymnetron plantarum.
Tapinotus sellatus.
Hylurgus piniperda.
Hylesimus fraxini.
H. crenatus.
H. thuyæ.
Scolitus pygmæus.
S. destructor.
Bostrichus typographus.
Prionus coriaceus.
Œgosoma scabricornæ.
Pogonocherus dentatus.
P. fasciculatus.
P. hispidus.
Leiopus nebulosus.

Saperda Carcharias.
S. populnea.
Orsodacna Cerasi.
Toutes les Hœmonia citées en juin.
Bromius vitis.
B. obscurus.
Chrysochus pretiosus.
Toutes les Lina, les Chrysomela, les Timarcha citées en Juin.

OCTOBRE.

Cicindela germanica.
Notiophilus semi-punctatus.
Nebria brevicollis.
Leistus spinibarbis.
Carabus purpurascens.
C. nemoralis.
C. granulatus.
C. arvensis.
Procrustes coriaceus.
Cychrus caraboïdes.
C. attenuatus.
Brachinus scopleta.
B. explodens.
B. crepitans.
Cymindis humeralis.
C. axillaris.
Blechrus glabratus
B. maurus.
Lebia cyanoceplala.
Metabletus foveola.
Panagœus crux-major.
P. bipustulatus.
Loricera pilicornis.
Callistus lunatus.
Oodes helopioides.
O. gracilis.
Chlœnius Schranki.
Badister bipustulatus.
Acinophus megacephalus.
A. tenebrioïdes
Anisodactylus binotatus et sa variété.
A. spurcaticornis.
Diachromus germanus.
Harpalus œneus.
H. griseus.
H. brevicollis.
Zabrus gibbus.
Tous les Agonum cités au mois de Janvier.
Trechus lithophilus.
T. rubens.
T. minutus.
T. nigrinus.
Tout le genre Bembidium.
Leja articulata.
L. Doris.
L. gilvipes.
Peryphus ripicola.
Nothaphus adustus.

Dytiscus marginalis.
D. circumflexus.
D. dimidiatus.
D. punctulatus.
Hyphydrus ferrugineus.
Tous les Gyrinus cités au mois d'Avril.
Phillhydrus marginellus.
P. Lividus.
P. ovalis.
Helophorus grandis.
H. minutus.
Hydrea testacea.
H. nigrita.
Falagria obscura
Autalia impressa.
Aleochara nitida.
A. fuscipes.
Homalota inquinula.
H. stercoraria.
H. gagatina.
Tachyusa umbratica.
Oxypoda lividipennis.
O. umbrata.
O. cyaneus.
O. murinus.
Tous les Stenus cités en Février.
Elmis tuberculatus.
E. œneus.
Pomatinus substriatus.
Parmis prolifericornis.
Dictiopterus sanguineus.
Corynetes cæruleus.
Blaps mucronata.
B. mortisaga.
B. fatidica.
Crypticus Quisquilus.
Tenebrio molitor.
T. obscurus.
Helops striatus.
H. lanipes.
Pyrochoa coccinea.
P. rubens.
Tous les Bruchus cités en janvier.
Leiopus nebulosus.
Pogonocherus dentatus.
P. fasciculatus.
P. hispidus.
Saperda Carcharias.
S. populnea.

NOVEMBRE.

Notiophilus semipunctatus.
Nebria brevicollis.
Carabus granulatus.
C. arvensis.
Cychrus caraboïdes.
C. attenuatus.
Brachinus explodens.
B. scopleta.
B. crepitans.
Dromius linearis.

D. agilis.
D. quadrimaculatus.
D. 4-notatus.
Blechrus glabratus.
B. maurus.
Lebia cyanocephala.
Metabletus foveola.
Panagœus crux major.
P. bipustulatus.
Loricera pilicornis.
Callistus lunatus.
Badister bipustulatus.
Anisodactylus binotatus et sa variété.
A. spurcaticornis.
Harpalus œneus.
H. griseus.
H. brevicollis.
Zabrus gibbus.
Tous les Agonum cités au mois de Janvier.
Trechus lithophilus.
T. rubens.
T. ninutus.
T. nigrinus.
Tout le genre Bembidium.
Leja articulata.
L. Doris.
L. gilvipes.
Peryphus ripicola.
Notaphus adustus.
Dytiscus marginalis.
D. circumflexus.
D. dimidiatus.
D. Punctulatus.
Hyphydrus ferrugineus.
Phillydrus marginellus.
P. lividus.
P. ovalis.
Hydrea testacea.
H. nigrita.
Falagria obscura.
Autalia impressa.
Aleochara nitida.
A. fuscipes.
Homalota inquinula.
H. stercoraria.
H. gagatina.
Tachyusa umbratica.
Ocypus cyaneus.
O. murinus.
Tous les Stenus cités en Février.
Blaps mucronata.
B. fatidica.
B. mortisaga.
Tenebrio molitor.
T. obscurus.
Helops striatus.
H. lanipes.
Pyrochoa coccinea.
P. rubens.
Tous les Bruchus cités en Janvier.
Leiopus nebulosus.
Pogonocherus dentatus.
P. fasciculatus
P. hispidus.

DÉCEMBRE.

Notophilus semipunctatus.
Nebria brevicollis.
Carabus arvensis.
Cychrus caroboïdes.
Brachinus crepitans.
B. explodens.
B. scopleta.
Dromius linearis.
D. agilis.
D. quadrimaculatus.
D. quadrinotatus.
Blechrus glabratus.
B. maurus.
Metabletus foveola.
Panagœus crux-major.
P. bipustulatus.
Anisodactylus binotatus et sa variété.
A. spurcaticornis.
Harpalus œneus.
H. Griseus.
H. brevicollis.
Zabrus gibbus.
Tous les Agonum cités au mois de Janvier.
Trechus minutus.
Tout le genre Bembidium.
Leja articulata.
L. Doris.
L. gilvipes.
Peryphus ripicola.
Nothaphus adustus.
Dytiscus marginalis.
D. circumflexus.
D. dimidiatus.
D. punctulatus.
Hyphydrus ferrugineus.
Hydrea testacca.
H. nigrita.
Falagria obscura.
Autalia impressa.
Aleochara nitida.
A. fuscipes.
Homalota inquinula.
H. stercoraria.
H. gagatina.
Tenebrio molitor.
T. obscurus.
Tous les Bruchus cités en Janvier.
Leiopus nebulosus.
Pogonocherus dentatus.
P. fasciculatus.
P. hispidus.

Epoques des chasses aux coléoptères.

Janvier Février Mars Avril	Chasse sous les mousses, les écorces, les pierres, au pied des arbres. Sous les détritus amenés sur le bord des rivières par les inondations. Chasse au troubleau dans les mares.
Mai Juin Juillet Août	Chasse au fauchoir, au parapluie, au troubleau. Recherche des coléoptères sous les écorces, les mousses et dans les troncs d'arbres pourris.
Septembre Octobre Novembre Décembre	Pendant le mois de Septembre, dernières chasses au fauchoir et au parapluie. Aussitôt l'automne, chasse au troubleau. Recherches fructueuses sous les mousses, les écorces, les pierres et au pied des arbres.

Châlons. — Imp. T. Martin.

www.ingramcontent.com/pod-product-compliance
Lightning Source LLC
LaVergne TN
LVHW012008160826
845678LV00002B/717

* 9 7 8 2 3 2 9 6 7 4 5 6 8 *